它们去哪儿了？

闪电、阳光 和 未来能源

[英] 海伦·格雷特黑德 著

[英] 凯尔·贝克特 绘

王凡 译

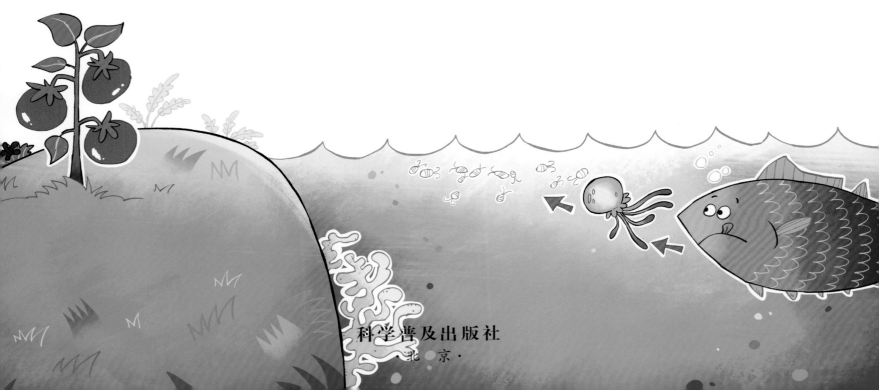

科学普及出版社

·北京·

图书在版编目（CIP）数据

它们去哪儿了？.闪电、阳光和未来能源/（英）海伦·格雷特黑德著；（英）凯尔·贝克特绘；王凡译．

北京：科学普及出版社，2025. 2. –– ISBN 978–7–110–10898–7

Ⅰ．X–49

中国国家版本馆 CIP 数据核字第 2024EA7634 号

Where Does It Go?: Lightning, Solar and Other Energies

First published in Great Britain in 2023 by Wayland

Copyright © Hodder and Stoughton, 2023

Text by Helen Greathead

Illustration by Kyle Beckett

北京市版权局著作权合同登记　图字：01–2024–5532

目录

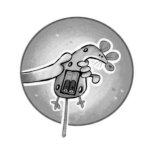

什么是能量？

我们通常看不见它，但几乎我们所做的一切都需要它！能量的形式多种多样，它们是如何提供动力，让物体移动、万物运转和生长的呢？当能量被我们使用之后，它们又去了哪里？

以下是能量的几种形式，以及它们能够做的事情：

热能可以让我们保持温暖。

热能还可以烹煮食物。

化学能会引起反应，使木柴燃烧。

光能可以帮助我们在黑暗中看见东西。

声能可以让我们听到声音。

不要啊，我的热狗！

能量并不总是一直保持不变的，它可以从一种形式转化为另一种形式。

热狗中的香肠从面包中掉落，它获得了**动能**。

物体运动时，它具有**动能**。

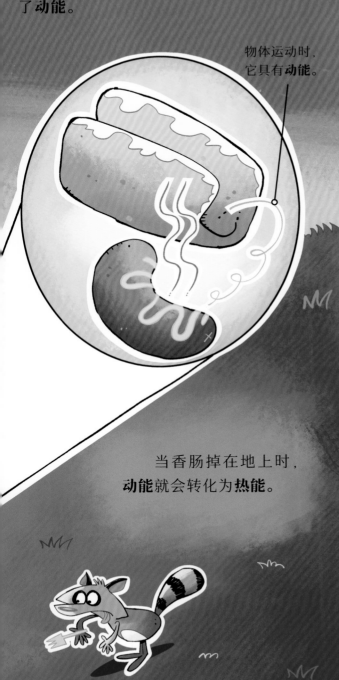

当香肠掉在地上时，**动能**就会转化为**热能**。

电能来自发电站。

① **热能**，例如来自煤炭的热能，将水煮沸，产生蒸汽。

② 蒸汽驱动涡轮机，带动由磁铁和导线构成的发电机。

电子沿着电缆传输。

发电机

热能转化为**动能**。

涡轮机

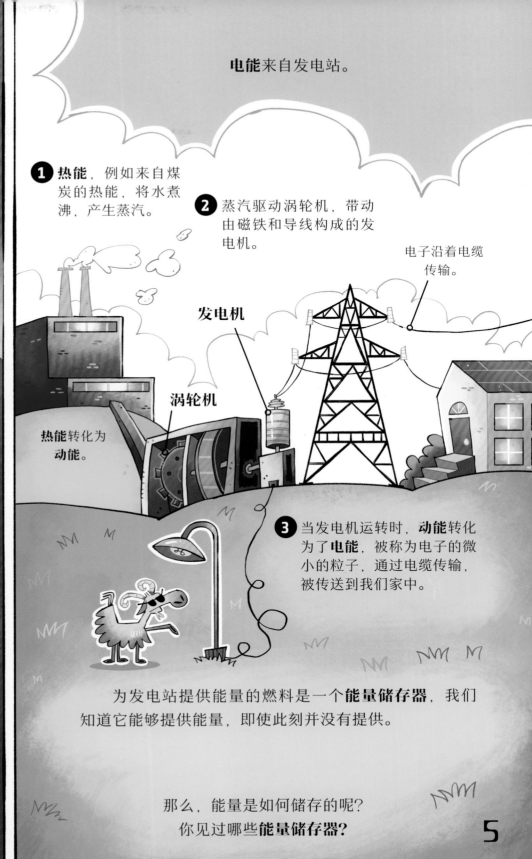

③ 当发电机运转时，**动能**转化为了**电能**，被称为电子的微小的粒子，通过电缆传输，被传送到我们家中。

为发电站提供能量的燃料是一个**能量储存器**，我们知道它能够提供能量，即使此刻并没有提供。

那么，能量是如何储存的呢？你见过哪些**能量储存器**？

动 起 来

你能猜到这个电池和这段原木有哪些共同之处吗？

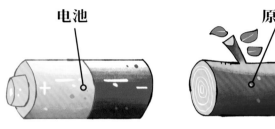

电池

原木

不管你信不信，它们都储存着能量！

电池储存的是化学能。这种化学能可以转化为动能，然后动能转化为电能。

化学能储存器

电能可以让玩具动起来。

木头也可以储存化学能。

化学能可以转化为热能和光能。

一种叫重力的力使这段原木掉了下来。

6

重力是一种将物体拉向地球中心的力。

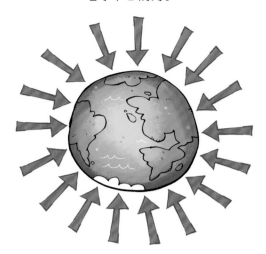

在原木落到地面之前，它储存了"重力势能"。重力势能的含义是，由于木头离地面很高，所以它有可能在重力的帮助下移动。

重力势能

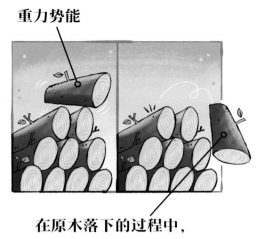

在原木落下的过程中，重力势能转化为动能。

这是另一个重力势能转化为动能的例子。看看玩滑板的人从半管滑道上跳下来的过程：

位置越高，重力势能越大

重力势能

重力势能转化成了动能

每个人都需要能量，无论是在移动、取暖，还是睡觉的过程中，我们都需要能量。那么，我们的能量来自哪里呢？

不知道！

7

你拥有能量

所有人都从食物中获取能量。

没错，我们摄入的食物和水含有身体运转需要的能量。从呼吸到跑马拉松，我们所做的一切都需要能量。

有些食物和其他食物相比，能够提供更多的能量。

唉？这个金枪鱼三明治也是一个能量储存器？

化学能

炸鱼排

蔬菜

全麦面包片

❶ 身体将食物分解成较小的粒子。

❷ 细胞吸收这些粒子。

❸ 细胞获得能量，保证人体运转。

化学能转化为机械能。

大脑需要消耗**大量**的这种能量。

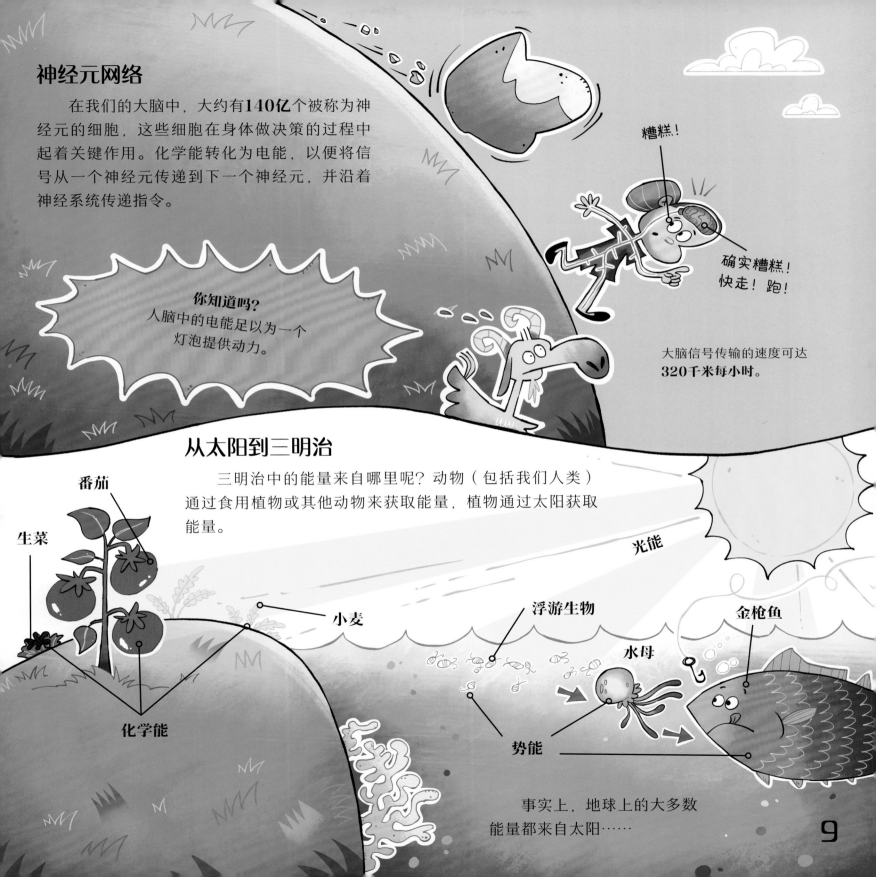

神经元网络

在我们的大脑中，大约有**140亿**个被称为神经元的细胞，这些细胞在身体做决策的过程中起着关键作用。化学能转化为电能，以便将信号从一个神经元传递到下一个神经元，并沿着神经系统传递指令。

你知道吗？
人脑中的电能足以为一个灯泡提供动力。

糟糕！

确实糟糕！快走！跑！

大脑信号传输的速度可达**320千米每小时**。

从太阳到三明治

三明治中的能量来自哪里呢？动物（包括我们人类）通过食用植物或其他动物来获取能量，植物通过太阳获取能量。

番茄

生菜

光能

化学能

小麦

浮游生物

金枪鱼

水母

势能

事实上，地球上的大多数能量都来自太阳……

阳光灿烂

太阳是离地球最近的恒星，它距离我们约**1.5亿千米**！它主要由氢气和氦气组成。如果没有太阳，地球上就不会有生命。但幸运的是，地球恰好位于合适的位置，使我们能够利用太阳的热能和光能。

太阳光到达地球需要大约**8分20秒**。

太阳每秒钟释放出的能量相当于**500万吨**煤燃烧释放的能量！

提取能量

所有植物，包括海里的浮游植物，都会利用太阳光，通过光合作用将光能转化为化学能，并将其储存在产生的糖类中。

食草动物通过食用的植物摄入糖类并从中获取能量。食肉动物通过捕食食草动物，间接从它们体内储存的糖类中获得能量。

释放氧气

吸收二氧化碳

产生糖类
（储存化学能）

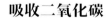

水

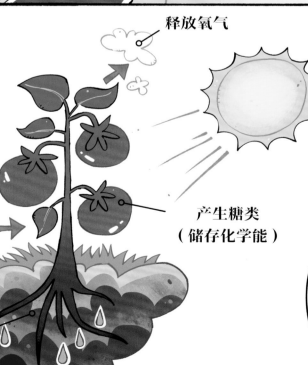

啊！

美味！

早在有电力供应之前，我们的祖先就已经利用太阳的能量来取暖和照明了。

· 他们日出而作，日落而息。
· 他们利用太阳晒干食物，以延长其保存时间。
· 他们通过蒸发海水来生产盐。

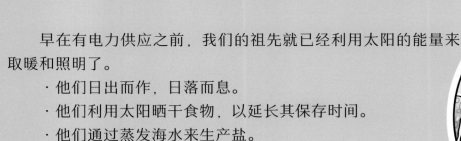

6 000年前，中国的一些部落已经设计出能够利用太阳的热能和光能的房屋。到了现代，建筑师们仍在运用相同的原理来设计冬暖夏凉的房屋。

夏天，用屋顶来遮阴，抵挡炎热的太阳。

冬天，窗户让温暖的阳光照进室内。

但是，太阳下山后，人们该怎么办呢？

自从**几十万年前**的人类意识到可以从木头、枯草、海藻和动物粪便中获取热能和光能，人们就开始在火旁取暖。

人类是怎么发现火的呢？也许是因为目睹了闪电的威力……

点燃森林

想象一下，你第一次看到闪电，却不知道它是什么。

闪电能引发野火，野火会破坏森林，影响野生动植物的生存。但野火也会产生热量，并帮助清除土地上的植被，这让几十万年前的人类更容易狩猎和觅食。一些专家认为，这也让当时的人类学会了享用美味的熟食。

危险！

好吃！

嗯！

随着全球气候逐渐变暖，温度较高的天气引发了更多的雷暴。当闪电击中一棵树时，树很容易着火。如果其中一棵树着火，其他树会被迅速引燃，直到整个森林都处于熊熊烈火之中。这些野火很难控制。

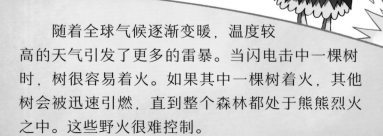

但是闪电是从哪里来的呢？

它来自积雨云。

积雨云

冰晶

潮湿空气分子

正电荷

负电荷

1 数十亿个冷冰晶与温暖潮湿空气分子在云中相互碰撞、摩擦。

2 它们产生静电（那种在我们脱掉针织套头衫时让头发竖起来的东西）。

3 就像电池一样，云中有正电荷和负电荷。

4 不断累积的负电荷急速流向地面。

5 来自高大物体或地面的正电荷向上移动，遇到负电荷。

6 闪电形成，直到负电荷全部被中和。

你知道吗？
如今，全世界大概每秒会有**50~100**次闪电。

你知道吗？
闪电周围的温度可以达到太阳表面温度的**五倍**。

我们能捕捉到闪电中的能量吗？

13

天空之力

一道闪电蕴含的能量足以烤熟10万片面包！

2013年，英国南安普顿大学的研究人员制造了一道人造闪电，并用它给手机电池充电。

或许我们真的可以用闪电来为家庭供电？确实有一家公司的科研人员在2007年尝试过这么做，但他们不久就放弃了。

问题在于……

闪电的速度太快了。

闪电的随机性太强了，我们永远不知道它下一次会击中哪里!

暴风雨云中的电势能可以转化为光能（藏在天空中出现的闪光中）和声能（藏在我们听到的雷声中），但大部分转化成了热能。闪电可以在一瞬间将其周围的空气加热至**39 000摄氏度**，但这些热量会迅速被大气吸收。

闪电并非总是击中地面。

它在接近地面时会失去很多能量。

闪电中的能量目前是不可能捕获的，但人类可以通过更简单的方法，从其他物质中获得能量……

史前能量

如今，我们用于取暖、照明和驱动机器的能量有60%来自煤、石油和天然气。我们把这些称为"化石燃料"，因为它们是由数百万年前死去的动植物的遗骸形成的。当时的地球看起来与现在大不相同。

沼泽森林

浮游生物

浅海

化石燃料的形成过程：

已死亡的动物沉下去，

被泥土和沉积物覆盖，

这个过程需要数百万年。

变成化石。

已死亡的植物沉下去，

被上方的物体挤压，

被埋葬，

变成了煤。

已死亡的藻类和动物变成了石油和天然气。

天然气

石油

天然气用来发电和供暖。

石油用来发电，并为交通工具提供燃料。

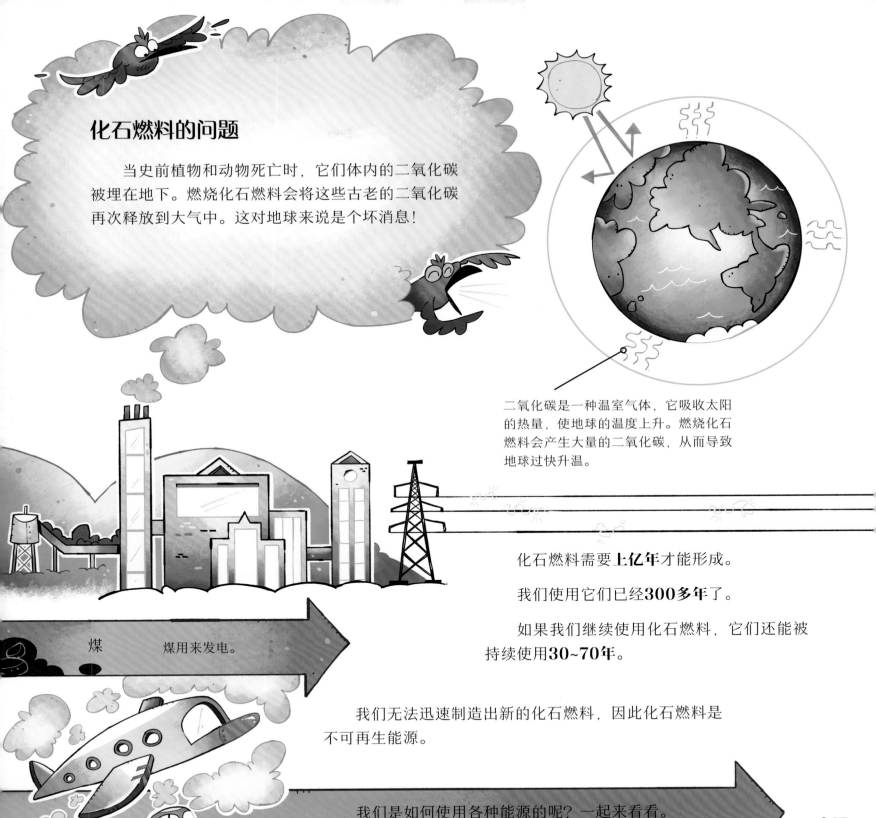

化石燃料的问题

当史前植物和动物死亡时，它们体内的二氧化碳被埋在地下。燃烧化石燃料会将这些古老的二氧化碳再次释放到大气中。这对地球来说是个坏消息！

二氧化碳是一种温室气体，它吸收太阳的热量，使地球的温度上升。燃烧化石燃料会产生大量的二氧化碳，从而导致地球过快升温。

化石燃料需要**上亿年**才能形成。

我们使用它们已经**300多年**了。

如果我们继续使用化石燃料，它们还能被持续使用**30~70年**。

煤　　煤用来发电。

我们无法迅速制造出新的化石燃料，因此化石燃料是不可再生能源。

我们是如何使用各种能源的呢？一起来看看。

17

五花八门的小装置

电能通过一张电缆网络传输到我们的家中，这太神奇了！插上一个小装置或轻轻一按开关，电能就会迅速转化为其他有用的能量形式。

你的早晨是不是这样开始的？

声能

丁零！

热能和光能

电能转化为**动能**，推动冰箱管道内的气体移动。气体将热量从冰箱内部转移至外部，这样冰箱就可以维持低温状态。

智能手机充满电的电池里储存着**化学能**。

电流沿着电线流动，产生用来烤面包的**热能**。

卫星

当新能源汽车行驶时,储存的**化学能**转变为**机械能**。

电池

冷水流过金属元件,电能转化为**热能**,把冷水加热。

你知道吗?
大多数小装置并没有完全将它们所获得的能量用在该用的地方,有时它们会向周围环境散热。即使在我们不使用它们的时候,这些小装置也在消耗能量。

全球1%的二氧化碳排放量来自所谓的"吸电鬼"能耗。

光能、热能和声能

电视信号通过电缆、卫星或天线传输。

如果我们没使用的小装置出现以下情况,我们就是在浪费能源:

·指示灯亮着;

·摸起来是热的;

·插在电源上。

如果我们使用化石燃料发电,就相当于向大气中排放二氧化碳。有没有更清洁的电力呢?

19

走向核能

核能能够产生大量电能，
并且不会释放二氧化碳。

核能如何产生？

地球上的物质由各种不同类型的原子构成，这些原子相互结合在一起。原子的中心，或者说核，拥有巨大的能量。

因为铀原子很容易分裂，所以铀可以用作燃料。铀原子分裂会释放出微小的粒子，这些粒子会启动一个连锁反应，从而释放出更多核能。

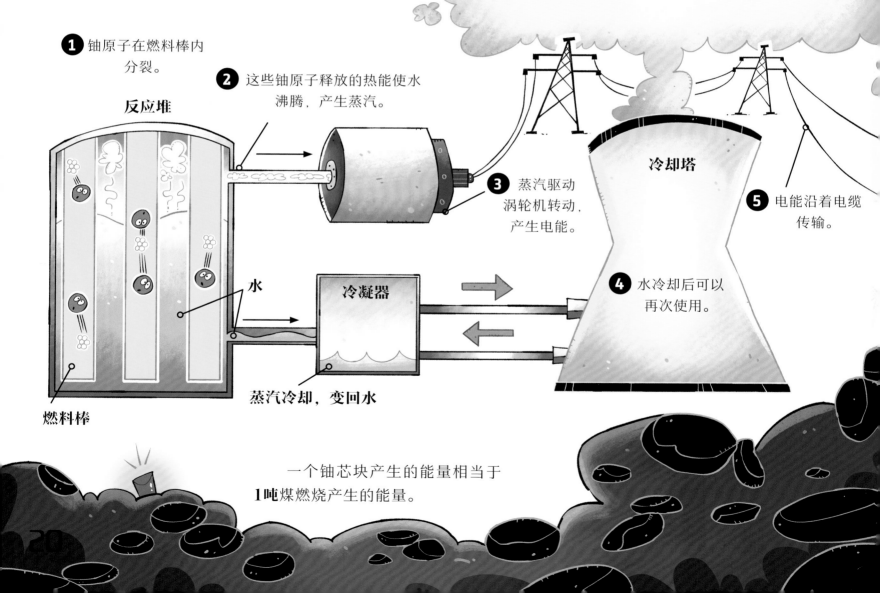

1 铀原子在燃料棒内分裂。

2 这些铀原子释放的热能使水沸腾，产生蒸汽。

反应堆

3 蒸汽驱动涡轮机转动，产生电能。

冷却塔

5 电能沿着电缆传输。

4 水冷却后可以再次使用。

水

冷凝器

蒸汽冷却，变回水

燃料棒

一个铀芯块产生的能量相当于
1吨煤燃烧产生的能量。

有些人对核能非常恐惧和担忧，

核废料是有害的！

核事故可能致命！

核能成本高昂！

它会致癌，危害环境……

……而且必须埋藏数千年！

有些人持相反意见……

核能比煤更安全！

核能很便宜！

原子分裂不会产生二氧化碳！

你知道吗？
2011年，一场大地震导致了海啸的发生。受地震影响，日本福岛第一核电站发生爆炸，造成核泄漏，当地约47 000名居民被迫背井离乡。

核技术日益成熟，核事故很少发生。它提供的能源已占世界能源供给的10%。但是，可再生能源难道不是更好的选择吗？

21

全天候能源

太阳每年向地球辐射产生的能量是已被我们使用的能量的5 000倍。太阳每天都在辐射，因此，太阳能不会被耗尽，它是可再生的。同时，太阳能也是清洁能源，它不会产生二氧化碳。

太阳光照射到太阳能电池板上，光能转化为电能。

太阳能电池板

太阳光如何变成我们可以使用的能源：

太阳能电池板由许多小的太阳能电池组成。

太阳能电池

电能沿着电线传输，为我们家中的各种家用电器供电。

阳光"农场"

　　许多太阳能电池板组合在一起，形成了一个太阳能"农场"。印度拉贾斯坦邦炎热的沙漠中就有一个巨大的太阳能"农场"——巴德拉太阳能发电站。

那里有超过1 000万块太阳能电池板。

它们为130万个家庭提供能源。

太阳能电池板由机器人清洁！

太阳能电池板存在的问题：

· 占用大量空间；

· 只有在阳光照射时才能工作，储存自身产生的能量可能会有难度；

· 制造成本高昂，并且需要消耗大量能源。

人们找到了一些科学的解决方案：

❶ 农民可以在安装在高脚架上的太阳能电池板下面种植作物。太阳能电池板可以为作物遮挡暴雨。

❸ 把一种由特殊蛋白质制成的浆料涂抹在简易太阳能电池上，这样制成的太阳能电池会更便宜，更容易制造，并且可以在世界上任何地方使用。

涂抹在太阳能电池上的浆料

❷ 短期使用的电池，比如手机电池，能够将太阳能储存数小时。这样，白天的阳光就能为人类晚上的活动提供电了。

植物浆料太阳能电池板还不能投入实际使用，那么，风力发电会是更好的选择吗？

追逐微风

风是空气流动形成的。风能是另一种源自太阳的能源。

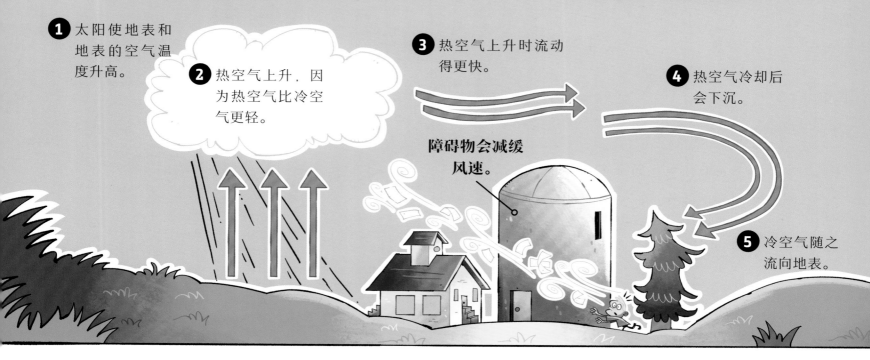

1 太阳使地表和地表的空气温度升高。

2 热空气上升，因为热空气比冷空气更轻。

3 热空气上升时流动得更快。

4 热空气冷却后会下沉。

障碍物会减缓风速。

5 冷空气随之流向地表。

风能是可再生能源，因为只要太阳持续发光发热，就会产生风。风能也是清洁能源，因为它不会产生二氧化碳。

风能已经被使用了几千年：

在5 000年前的埃及，人们就用风来驱动帆船航行。

在1 000年前的伊朗纳什蒂凡村，风车就已经被用来研磨小麦了。

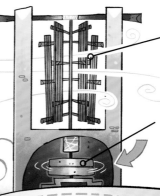

强风使木质的叶片旋转

叶片旋转，带动研磨石旋转

从小麦中研磨出面粉

世界上第一台风力发电机是在1887年由詹姆斯·布莱斯教授发明的。这台机器为他在苏格兰的小屋供电。然而，当布莱斯试图将他的这项发明推广给当地村民时，村民却感到惊恐不安。

用布做的船帆

10米

你也可以拥有一个……

不了，谢谢！它太可怕了！

如今的风力发电机要大得多，产生的能量也多得多。

你知道吗？
最高的涡轮机可达280米高，它可以为**两万个家庭**供电一年。

风力发电涡轮机的工作原理：

❶ 风使叶片旋转，叶片获得**机械能**。

❷ 发电机和齿轮箱将机械能转化为电能。

❸ 更高的塔架可以捕捉到更快的风。

❹ 电缆传输。

建造风力发电涡轮机的成本很高，放置位置也有讲究，如果没有风，它们就无法工作。好在，它们正在变得越来越高效。

利用水能来发电会不会更有效呢？

25

水利工程

你知道吗?
中国的三峡大坝
全长2 335米。

水力发电的发电量很大。水电站的规模通常非常庞大!

水力发电原理:

1 水库储水

2 水流推动涡轮机转动

你知道吗?
全球发电量的约16%来自水力发电。它清洁无污染,成本相对较低,并且可以全天候工作。

3 涡轮机产生机械能

4 这些机械能转化成电能

啊!

哇!

但是也有些人讨厌水力发电……

水坝会破坏河流生态系统,影响动植物的生存。有时,那些无法洄游的幼鱼需要用卡车运送过去!

快乐洄游!

尽情享受吧!

水坝会产生温室气体,这是因为水坝中有被困住的已死亡的植物。

海洋能源是否更安全？

潮涨潮落时，我们可以从海浪中捕获机械能。图中展示的是世界上最新、最强大的潮汐涡轮机，它的英文名字是Orbital O2。

哎呀！那是什么？

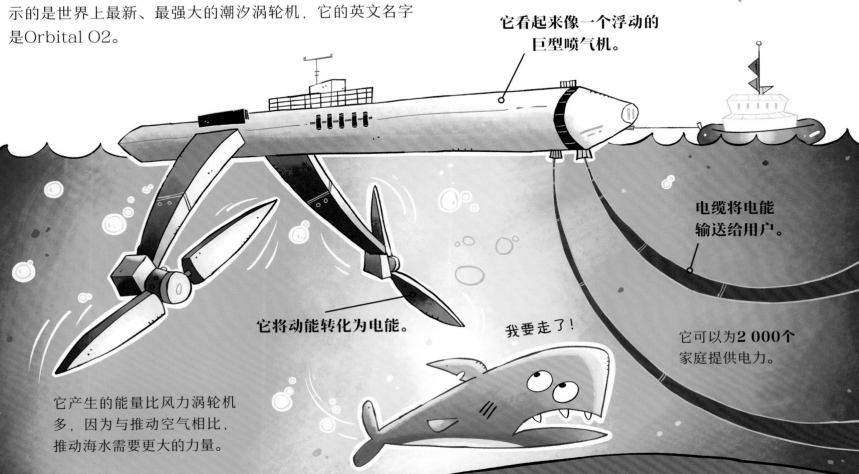

它看起来像一个浮动的巨型喷气机。

电缆将电能输送给用户。

它将动能转化为电能。

我要走了！

它可以为2 000个家庭提供电力。

它产生的能量比风力涡轮机多，因为与推动空气相比，推动海水需要更大的力量。

退潮

涨潮

月球

太阳

地球

潮汐能是清洁的、可再生的，而且不需要存储。因为海水会随着地球每天相对于太阳和月球的位置的变化而规律性地变化，所以我们能知道潮汐的发生时间。因此，它比风能和太阳能更可靠。

但是，还有更多形式的可再生能源等待我们去探索……

27

再见了，化石燃料

在冰岛，人们几乎完全利用水力和地热能（来自地下的热能）发电！

间歇泉

天然热水喷泉为冰岛**90%**的家庭提供暖气。

生活在冰岛的人们之所以能够利用地热能，是因为冰岛的地理位置比较特殊。

地壳由12个构造板块构成，冰岛刚好横跨北美板块和欧亚板块之间的分界线。因此，在这里，来自地球内部的热量更接近地表。

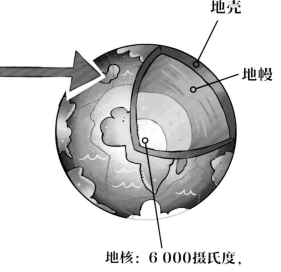

地壳

地幔

地核：6 000摄氏度，深3 000千米

什么是地热能？

热能将水转化成蒸汽，蒸汽带动涡轮机发电。

钻孔深达3 000米

热水

岩石

岩浆

未来能源

为了保护地球，许多国家都设定了停止使用化石燃料的目标年份。有的国家的目标年份是2040年，而很多国家的目标是在2050年或2050年之后停止使用化石燃料。

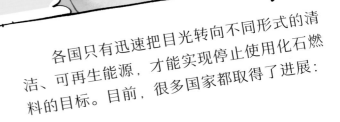

各国只有迅速把目光转向不同形式的清洁、可再生能源，才能实现停止使用化石燃料的目标。目前，很多国家都取得了进展：

 中国正在建设一个足以**为1 300万个家庭**供电的风电场，它将成为世界上最大的风电场。

 在冰岛专家的帮助下，印度尼西亚正在开发地热能。

 2023年，风能和太阳能的总发电量已经超过全球发电量的**13%**，这个比例可能还将持续上升。

即使没有化石燃料，地球上也不缺乏能源。如果能够安全地使用清洁、可再生能源，未来它们就能为我们提供所需的全部能量。

术语表

能量：物体能够对外做功，我们就说这个物体具有能量。能量简称能，可分为动能、势能、热能、电能、光能、化学能、核能等，其中，动能和势能统称为机械能。能量可以从一种形式转化成另一种形式，或从一个物体转移到另一个物体上。

电子：构成原子的粒子之一，质量极小，带负电荷。

涡轮机：把流体运动产生的动能转变为旋转机械能的动力机械设备。

燃料：可通过燃烧或核反应产生热能以供利用的物质。

重力：由于地球的吸引而使物体受到的力。

重力势能：物体由于受到重力并处在一定高度而具有的能量。

神经元：神经系统结构和功能的基本单位。

雷暴：积雨云中所发生的以闪电和雷声等雷电现象为特征的对流性天气现象，有时伴有阵雨或冰雹。

积雨云：浓厚庞大的云体，垂直发展旺盛，云顶随云的发展逐渐展平成砧状，并出现丝缕状的结构。

电荷：构成物质基本粒子的一种电性质。电荷有正电荷和负电荷两种，同性电荷相斥，异性电荷相吸。

遗骸：遗体、尸骨。

铀：一种金属元素，主要用于核工业，是一种核燃料。

原子：构成自然界各种元素的基本单位，由带正电的原子核和围绕原子核运动的带负电的电子组成。

间歇泉：多发生于火山运动活跃区域、间断喷发的温泉。

风电场：利用风力发电的机构。